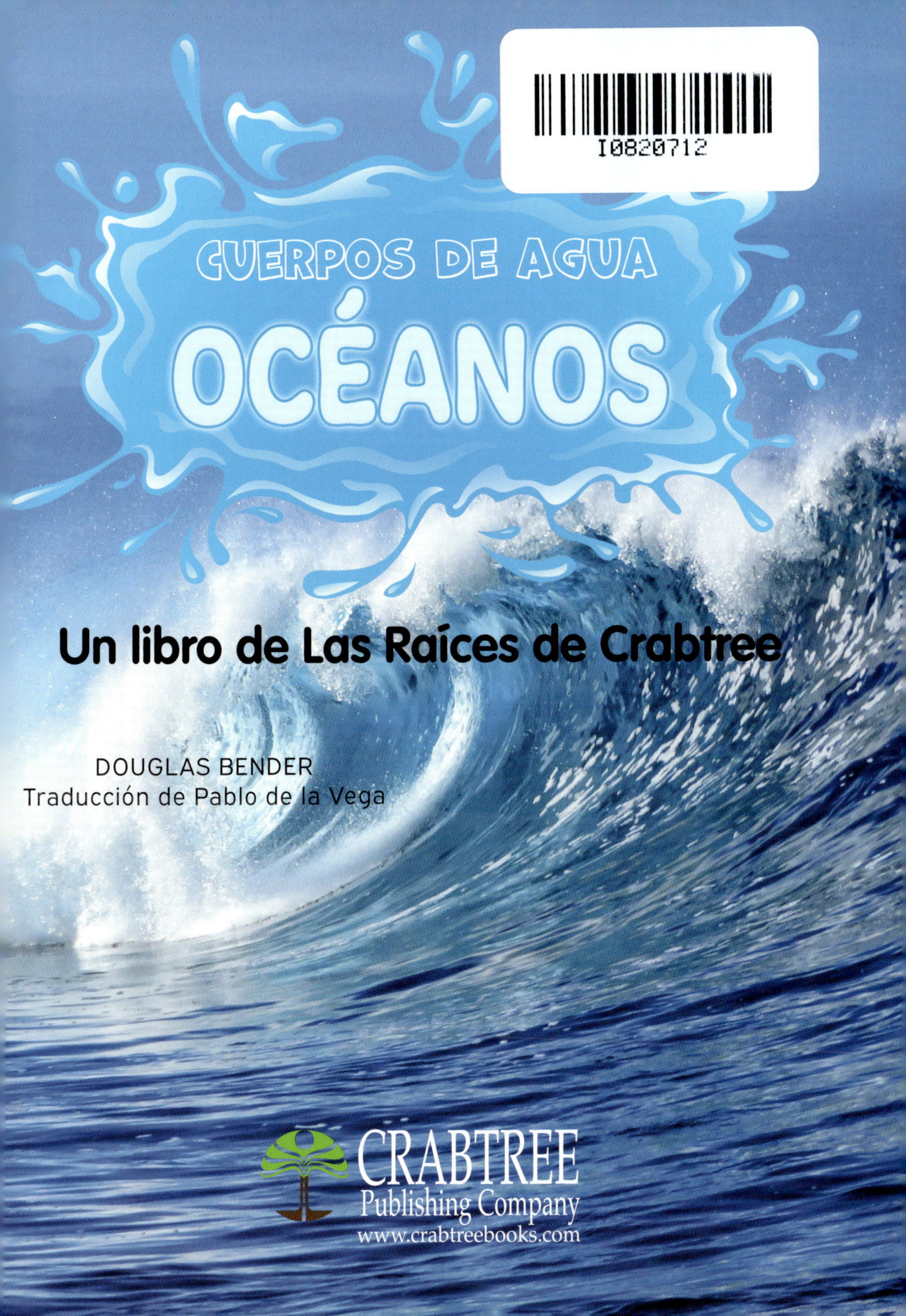
I0820712
CUERPOS DE AGUA
OCÉANOS
Un libro de Las Raíces de Crabtree
DOUGLAS BENDER
Traducción de Pablo de la Vega
CRABTREE
Publishing Company
www.crabtreebooks.com

Apoyos de la escuela a los hogares para cuidadores y maestros

Este libro ayuda a los niños en su desarrollo al permitirles practicar la lectura. Abajo están algunas preguntas guía para ayudar al lector a fortalecer sus habilidades de comprensión. En rojo hay algunas opciones de respuesta.

Antes de leer:

- ¿De qué pienso que trata este libro?
  - *Pienso que este libro es sobre los océanos y cómo son.*
  - *Pienso que este libro es sobre el agua y los océanos.*
- ¿Qué quiero aprender sobre este tema?
  - *Quiero aprender cómo se ven los océanos.*
  - *Quiero aprender cuán grandes son los océanos.*

Durante la lectura:

- Me pregunto por qué...
  - *Me pregunto por qué el agua de los océanos es salada.*
  - *Me pregunto por qué hay olas grandes y pequeñas en los océanos.*
- ¿Qué he aprendido hasta ahora?
  - *Aprendí que los océanos pueden tener hielo.*
  - *Aprendí que en los océanos puede haber islas.*

Después de leer:

- ¿Qué detalles aprendí de este tema?
  - *Aprendí que el agua de los océanos es azul.*
  - *Aprendí que los océanos son grandes cuerpos de agua.*
- Lee el libro una vez más y busca las palabras del vocabulario.
  - *Veo la palabra* ***islas*** *en la página 8 y la palabra* ***olas*** *en la página 12. Las demás palabras del vocabulario están en la página 14.*

Este es un **océano**.

Todos los océanos son grandes.

En un océano viven muchos **animales**.

En la mayoría de los océanos hay **islas**.

Algunos océanos tienen **hielo**.

¡Todos los océanos tienen **olas** grandes y pequeñas!

Lista de palabras

Palabras de uso común

algunos
de
en
este
grandes
hay
los
muchos
pequeñas
son
tienen
todos
un
viven

Palabras para conocer

animales

hielo

islas

océano

olas

35 palabras

Este es un **océano**.

Todos los océanos son grandes.

En un océano viven muchos **animales**.

En la mayoría de los océanos hay **islas**.

Algunos océanos tienen **hielo**.

¡Todos los océanos tienen **olas** grandes y pequeñas!

Written by: Douglas Bender
Designed by: Rhea Wallace
Series Development: James Earley
Proofreader: Janine Deschenes
Educational Consultant:
Marie Lemke M.Ed.
Translation to Spanish:
Pablo de la Vega
Spanish-language layout and
proofread: Base Tres
Print and production coordinator:
Katherine Berti

Photographs:
Shutterstock: Vladimir3d: cover, p. 1; Svetlana Turchenick: p. 3, 14; Katerina Klio: p. 5; stockphoto-graf: p. 6, 14; BlueOrange Studio: p. 8-9, 14; INTERTOURIST: p. 11, 14; Four Oaks: p. 13, 14

Library and Archives Canada Cataloguing in Publication
Title: Océanos / Douglas Bender ; traducción de Pablo de la Vega.
Other titles: Oceans. Spanish
Names: Bender, Douglas, 1992- author. | Vega, Pablo de la, translator.
Description: Series statement: Cuerpos de agua | Translation of: Oceans. | "Un libro de las raíces de Crabtree". | Text in Spanish.
Identifiers: Canadiana (print) 20210231041 | Canadiana (ebook) 2021023105X | ISBN 9781039614314 (hardcover) | ISBN 9781039614376 (softcover) | ISBN 9781039614437 (HTML) | ISBN 9781039614499 (EPUB) | ISBN 9781039614550 (read-along ebook)
Subjects: LCSH: Ocean—Juvenile literature. | LCSH: Oceanography—Juvenile literature.
Classification: LCC GC21.5 .B4618 2022 | DDC j551.46—dc23

Library of Congress Cataloging-in-Publication Data
Names: Bender, Douglas, 1992- author. | Vega, Pablo de la, translator.
Title: Océanos / Douglas Bender ; traducción de Pablo de la Vega.
Other titles: Oceans. Spanish
Description: New York, NY : Crabtree Publishing Company, [2022] | Series: Cuerpos de agua - un libro de las raíces de crabtree | Includes index.
Identifiers: LCCN 2021024130 (print) | LCCN 2021024131 (ebook) | ISBN 9781039614314 (hardcover) | ISBN 9781039614376 (paperback) | ISBN 9781039614437 (ebook) | ISBN 9781039614499 (epub) | ISBN 9781039614550
Subjects: LCSH: Ocean--Juvenile literature.
Classification: LCC GC21.5 .B4518 2022 (print) | LCC GC21.5 (ebook) | DDC 551.46--dc23
LC record available at https://lccn.loc.gov/2021024130
LC ebook record available at https://lccn.loc.gov/2021024131

Crabtree Publishing Company
www.crabtreebooks.com 1-800-387-7650

Printed in the U.S.A./072021/CG20210514

Published in the United States
Crabtree Publishing
347 Fifth Avenue, Suite 1402-145
New York, NY, 10016

Published in Canada
Crabtree Publishing
616 Welland Ave.
St. Catharines, ON, L2M 5V6